这本书是写给我父母的，

是他们鼓励我去探索和质疑一切，

虽然他们很后悔这么做。

——本·罗瑟里

图书在版编目（CIP）数据

隐秘的地球 /（英）本·罗瑟里著绘；马楠译 . --
福州：海峡书局，2022.9
书名原文：Hidden Planet: An Illustrator's Love
Letter to Planet Earth
ISBN 978-7-5567-0983-0

Ⅰ . ①隐… Ⅱ . ①本… ②马… Ⅲ . ①动物—少儿读
物 Ⅳ . ① Q95-49

中国版本图书馆 CIP 数据核字 (2022) 第 109713 号

Hidden Planet: An Illustrator's Love Letter to Planet Earth
First published in Great Britain in the English language by Penguin Book Ltd.
Copyright © Ben Rothery, 2019
Copies of this translated edition sold without a Penguin sticker on the cover
are unauthorized and illegal.
Publisher under licence from Penguin Books Ltd.
Penguin (in English and Chinese) and the Penguin logo are trademarks of Penguin Books Ltd.
本书中文简体版权归属于银杏树下（北京）图书有限责任公司
著作权合同登记号　图字：13-2022-062 号

出 版 人：林　彬
选题策划：北京浪花朵朵文化传播有限公司　　出版统筹：吴兴元
编辑统筹：冉华蓉　　　　　　　　　　　　　　责任编辑：廖飞琴　俞晓佳
特约编辑：胡晟男　　　　　　　　　　　　　　营销推广：ONEBOOK
装帧制造：墨白空间·闫献龙

隐秘的地球
YINMI DE DIQIU

著　　绘：［英］本·罗瑟里
译　　者：马　楠
出版发行：海峡书局
地　　址：福州市白马中路 15 号海峡出版发行集团 2 楼
邮　　编：350001
印　　刷：河北中科印刷科技发展有限公司
开　　本：787mm×1194mm 1/8
印　　张：13
字　　数：180 千字
版　　次：2022 年 9 月第 1 版
印　　次：2022 年 9 月第 1 次
书　　号：ISBN 978-7-5567-0983-0
定　　价：149.80 元

读者服务：reader@hinabook.com 188-1142-1266　　投稿服务：onebook@hinabook.com 133-6631-2326
直销服务：buy@hinabook.com 133-6657-3072　　　　官方微博：@ 浪花朵朵童书

浪花朵朵

隐秘的地球

[英] 本·罗瑟里 著绘 马楠 译

海峡出版发行集团
THE STRAITS PUBLISHING & DIBLISHING GROUP | 海峡书局

H I D D E N   P L A N E T

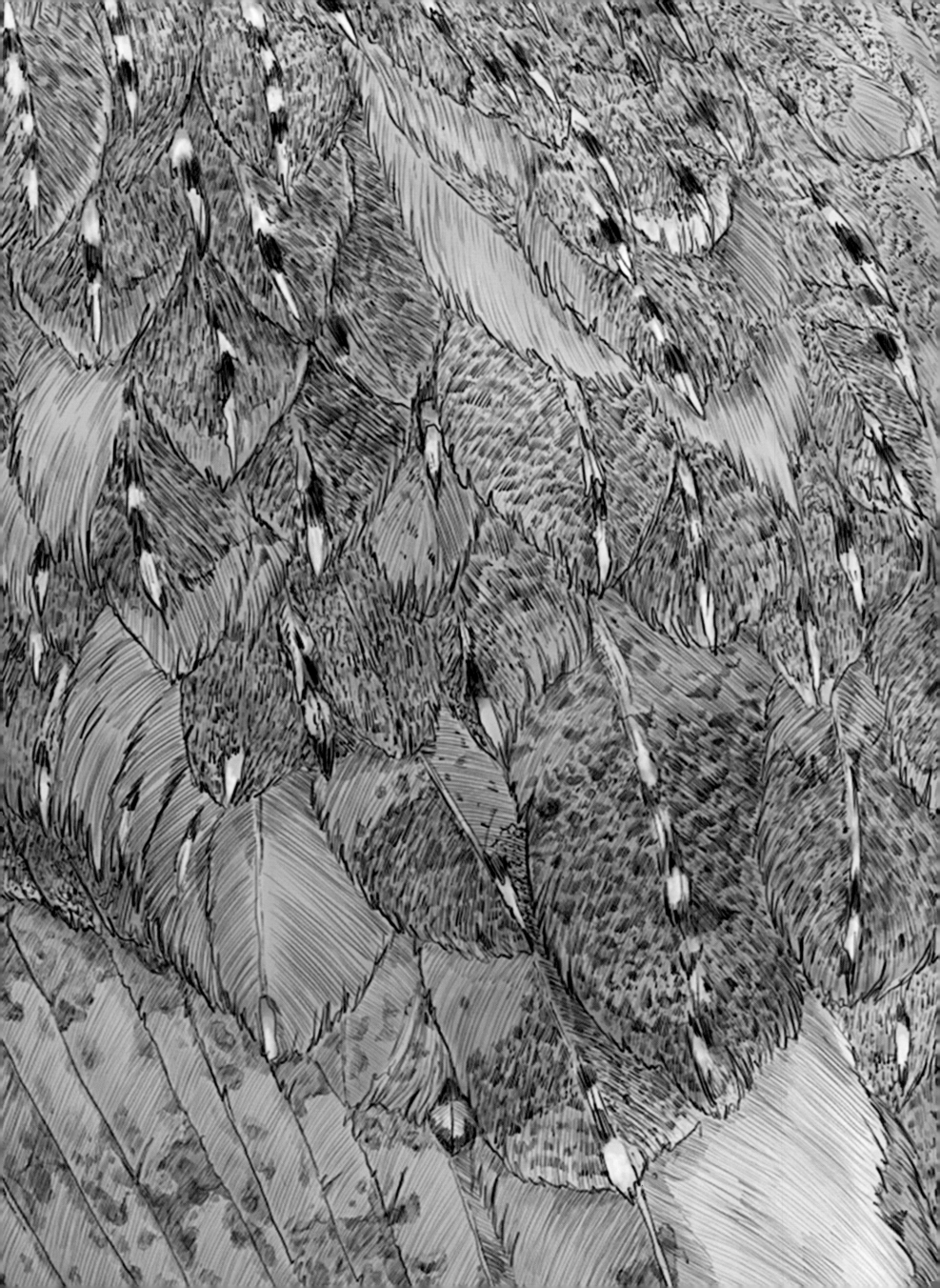

目　录 CONTENTS

内容简介

　　我常常喜欢把自己描述成一个被困在画家躯壳里的、沮丧的博物学家。从小我就梦想成为电视台主持人大卫·爱登堡 *（David Attenborough）和虚构的冒险家印第安纳·琼斯（Indiana Jones）的结合体，并且最终选择以插画的方式实现童年幻想。如今，我通过绘画和写作来探索这个自然世界——但是，我画的动物还不够专业和准确。我还需要了解隐藏在它们的皮毛和羽毛下面的秘密。

　　早年间，我经常往返于英国和南非之间，做过多次旅行。我在一条山区的河流中学会了游泳，而我幼年的记忆之一，便是六岁生日那天乘车穿越纳米布沙漠那无边无际的红色沙丘。在我的童年时代，百科全书几乎从不离手。在不读书、不画动物的时候，一切发现都会令我感到惊奇。无论是变色龙还是蟋蟀，或是其他任何动物，我都会试图去了解它们。

　　这是一本我从儿时起便想读到的书，希望它同样能唤起你对大自然的好奇，而

---

* 大卫·爱登堡，英国博物学家、探险家、主持人，被誉为"世界自然纪录片之父"。（若无特殊说明，本书中的注释均为编者注）

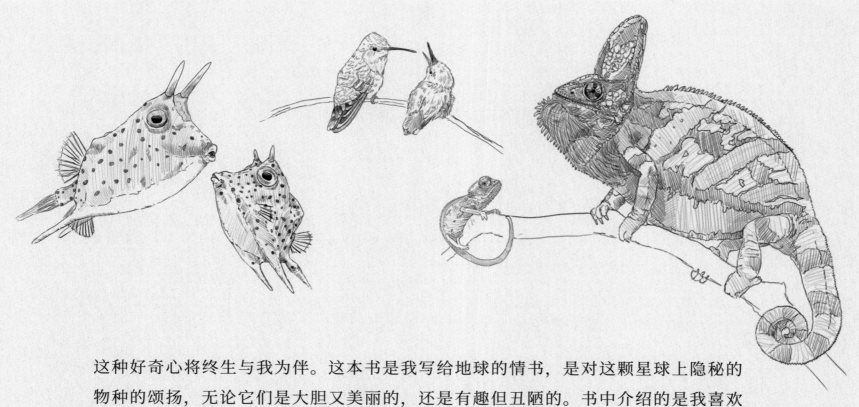

这种好奇心将终生与我为伴。这本书是我写给地球的情书，是对这颗星球上隐秘的物种的颂扬，无论它们是大胆又美丽的，还是有趣但丑陋的。书中介绍的是我喜欢的鸟类还有其他动物的故事，其中有些动物已经濒临灭绝，有些还没处于那么危险的境地。本书并非一份完整的动物清单，只是一个年少时沉迷野生动物、长大后成为执着于细节的插画师的作品，是我从个人观点出发进行的阐述，希望它至少能够为人们理解大自然的多样性提供一个视角。

6 岁和 33 岁的本·罗瑟里

7

斑雕鸮
Bubo africanus

隐秘的地球

　　当我们谈到隐秘的生物时，常常会想到那些躲在隐蔽之处或是进行巧妙伪装的生物。它们这么做也许是出于狡猾、害羞或淘气的天性，也许是由于体形很小，又或许它们只有在黑暗的掩护下才出来活动。它们可能生活在热带雨林深处或山洞里，可能把自己埋在沙子下面，也可能躲在高高的树顶上度过一生。

　　有些物种之间看上去并没有关联，但其实，它们之间也存在隐秘的关系。多年来，人们虚构出了各种奇幻故事来解释这些关系。另外，一些我们以为很了解的生物，它们也有着令人意想不到的能力和行为，这是地球的另外一个秘密。

　　本书中出现的动物，正是用上面的方法隐藏着自己的秘密。

隐秘的关系

    不同物种之间有时会存在隐秘的关系，其中一个例子就是共生关系。存在共生关系的两种或两种以上生物会紧密地生活在一起。共生关系主要有 3 种形式：共栖、互利共生和寄生。每种形式的共生关系又有多重表现形式并各具特点，但无论采用哪种形式，都需要相关物种之间保持一定的平衡。

共栖

    在共栖关系中，一种生物获利的同时，另外一种生物既不会受到伤害，也没有得到帮助。很多鸟类，例如南红蜂虎，会栖息在大象及其他大型动物的背上。这些大型动物活动时会惊起一些昆虫，南红蜂虎便会捕食这些昆虫。

南红蜂虎
Merops nubicoides

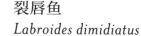

羊鱼
Family Mullidae

裂唇鱼
Labroides dimidiatus

互利共生

在互利共生关系中，两种生物能够同时获利，甚至在某些情况下，没有对方就无法生存下去。以昆虫、鸟类或者蝙蝠为例，它们先采食一朵花的花蜜，然后再去造访同一物种的其他花朵。这样一来，它们和植物都能成为受益者。动物们饱食了能量丰富的花蜜大餐，同时也将一朵花的花粉传递给了另一朵，有助于植物的繁殖。

一些鸟类和鱼类会以寄生在大型动物皮肤上的寄生虫为食。例如，牛椋鸟就会啄食牛身上的寄生虫，石斑鱼身上的寄生虫则是裂唇鱼的盘中餐。换作其他情况，较大的动物可能会直接把较小的鸟类或鱼类当作食物。但是，在互利共生关系中，它们采取了双方都会受益的方式：较小的一方得到了食物，较大的一方则免受烦人的寄生虫侵扰。

熊蜂
Genus Bombus

寄生

在寄生关系中，一种生物（寄生生物）为了自己的利益，会伤害另一种生物（宿主）。或者像吸血蝙蝠或蚊子，把宿主的血液作为食物；又或者像一些鸟类、鱼类和昆虫那样，让宿主在毫不知情的情况下为自己养育后代。有些生物会让自己的后代与宿主的后代养在一起，有些则会让自己的后代完全代替宿主的后代被养大。但是，即使在寄生关系中，物种间也必须保持一定程度的平衡，因为只有宿主存活足够长的时间，寄生生物的目的才能达到。

蚊子
Family Culicidae

互利共生
眼斑双锯鱼（*Amphiprion ocellaris*）

一眼就可以认出来的眼斑双锯鱼（俗称公子小丑鱼）是一种橙色、白色和黑色相间的小鱼，它们的体长可达 11 厘米。就像许多其他鱼类一样，雌性双锯鱼的体形要比雄性大得多。它们过着群居的生活，其中一条雌性双锯鱼占据统治地位，它和一条雄鱼肩负繁衍的重任，其他成员则忙于照料巢穴，保卫家园。

双锯鱼是互利共生关系的完美典范。它们大约有 30 种，全都与海葵建立了互利共生的关系，互相为对方提供各种好处。双锯鱼可以使海葵免受寄生虫的侵害，帮助海葵防御诸如刺盖鱼之类的捕食者。这种小鱼持续不断地在海葵的触手间进进出出，增加了海水的流动性，为自己带来充足食物的同时，还能保持海葵的洁净。海葵也会从双锯鱼的粪便中吸收养料，从而长得更大。

相应地，海葵则为双锯鱼提供了家园和托儿所，还能用自己带刺的触手保护它

们不受捕食者的伤害。另外，海葵进食后的残渣、身上的寄生虫以及偶尔丢弃的触手等，都会成为双锯鱼的食物。

海葵有毒，且以鱼类为食，在享用食物前，它们会先用触手刺向对方。对此，双锯鱼演化发展出了一种隐秘的方式来维持互利共生关系，这是一个物种随着时间不断发生变化的结果。在双锯鱼的身体表面覆有一层特殊的黏液，使得它们不会被海葵识别为食物，这也意味着它们无须再担心被触手刺伤。

双锯鱼另一个惊人的特征，就是它们能够发生从雄性变为雌性的性别转换。所有双锯鱼在生命之初都是雄性，但随着年龄的增长，有些会变成雌性。如果群体中占统治地位的雌性发生了意外，那么剩下的双锯鱼里体形最大的雄性就会转变为雌性，同时，群体内所有其他成员的地位都会随之升高一级。

眼斑双锯鱼常见于东南亚、日本和澳大利亚北部海岸。尽管它们俗称"小丑鱼"，但作为观赏鱼十分受欢迎，因此生存越来越受到威胁。

芦苇莺
Acrocephalus scirpaceus

寄生
大杜鹃（*Cuculus canorus*）

大杜鹃是一种隐藏着大秘密的小鸟。尽管它的外表看起来很无害，还有着美丽的羽毛以及抑扬顿挫的"布谷"叫声，但在本质上是个寄生虫。杜鹃热衷于"巢寄生"，这是一种鸟类依赖于另一种鸟类为自己抚养幼鸟的寄生方式。凭借这种方式，寄生者获得了更多时间去寻找食物，并生育更多后代。杜鹃通过一系列基于"拟态"的聪明策略，模仿其他鸟类的特征，包括莺类、鹡鸰和欧亚鸲等，诱使它们为自己养育下一代。

成年杜鹃能够模仿某些猛禽的样子，例如雀鹰这种主要捕食其他鸟类的食肉性动物。杜鹃与雀鹰体形相仿，下体羽毛上的条纹图案几乎相同，因此许多小鸟都对它充满畏惧。当杜鹃接近它们的巢穴时，这些小鸟会因将其错认成雀鹰而立即逃跑，而不是展开保卫战。这种巧妙的拟态能让杜鹃把其他小鸟吓跑足够长的时间，这样就有充分的时间留给自己。它们会降落到鸟巢中，把原本属于主人的一个鸟蛋推出去，再产下自己的蛋，然后逃之夭夭。整个过程大约只需要 10 秒。

大杜鹃
Cuculus canorus

  一旦杜鹃产下自己的鸟蛋，就轮到第
二个策略登场了。它们将会进行"卵色模拟"，
也就是让自己的蛋与鸟巢中宿主物种的鸟蛋具备相
似的外形。举个例子，以芦苇莺为目标的雌性杜鹃，会
产下和芦苇莺鸟蛋的样子很像的蛋。它们的鸟蛋虽然个头儿
更大，却有与芦苇莺鸟蛋相似的图案和颜色。

  在毫无察觉的情况下，宿主物种会将杜鹃的后代与自己的后代一起孵化。杜鹃
的雏鸟通常比其他物种更早破壳，这时，就是第三种策略——同时也是最丑恶的一
种——发挥作用的时候了。新孵出的杜鹃雏鸟会静待成鸟外出寻找食物的时机，将
其他鸟蛋全部推出鸟巢，这样一来，它就能独享来自成鸟的全部关心与重视了。

  在春夏的繁殖季节，大杜鹃的踪迹遍布欧洲和亚洲的大部分地区。到了秋季，
它们会迁徙至非洲，并留在那里过冬。

一只厄瓜多尔陆寄居蟹（*Coenobita compressus*）将一个废弃的瓶盖作为自己的保护物。

寄居蟹[*]

在全世界范围内，寄居蟹的种类相当多，它们和海蜗牛以及其他贝类之间存在着神奇的联系。寄居蟹自身没有外壳，因此需要利用其他生物丢弃的壳来保护自己柔软而脆弱的身体。鉴于外壳并不具有生命，这种联系似乎并不属于共生关系，但是寄居蟹选择和使用外壳的方式还是很值得关注的。

寄居蟹的体形差异极大，体长范围从不足 1 厘米到将近 1 米。巨型椰子蟹可以长到 1 米多长，寿命也有 60 余年。实际上，寄居蟹与铠甲虾和小龙虾之间的亲缘关系，要比与真正的螃蟹之间的亲缘关系更近。

寄居蟹只有身体的前部是坚硬的，这也就解释了为什么它们需要使用空壳或者找到的其他物品来保护自己。大多数种类的寄居蟹身体都呈螺旋形弯曲状，这样它们才能更好地适应并抓牢寄居的新家。一旦受到威胁，它们就会完全缩回壳中，并用爪子封住入口。

随着寄居蟹的生长，它们需要的壳越来越大，但是，新的壳通常很难找。如果它们找不到合适尺寸的壳，有时候就会用其他物品代替，包括垃圾。这种情况已经变得越来越普遍，一部分原因是

---

* 此处的"寄居蟹"是一个概称，不特指具体物种，因此未标注拉丁名。后文的概称也做了相同处理。

人类对贝壳的收集导致寄居蟹可用的外壳数量减少，另外一部分原因则在于海洋中塑料和其他杂物的数量不断增多。

外壳的稀缺促成了一系列有趣行为的出现。寄居蟹有时候会形成"空屋链"，以便交换外壳。当一只寄居蟹发现一个空壳时，它就会离开现在的外壳，去查看新的壳。如果大小合适，它就会抛弃旧屋，迁入新居。但是，如果新壳不合适的话，这只寄居蟹就会做出一些令人难以置信的事情。

它会回到原来的壳中继续等待——有时甚至长达 8 个小时——直到有其他寄居蟹出现。刚刚现身的寄居蟹也会对新壳进行检查，倘若它也感觉这个壳过大，也会回到自己以前的壳中，继续等待。通过这种方式，可以形成一个多达 20 只寄居蟹组成的小团体，它们会按体形从最大到最小排列。最终，与空壳完美契合的那只寄居蟹出现了。它搬到了自己的新家，留下了空荡荡的旧壳。这时，其余等待中的寄居蟹会迅速按顺序调换外壳，每一只都搬进了更大的新居。

形成一条空屋链的寄居蟹

棕熊
Ursus arctos

西印度海牛
Trichechus manatus

隐秘的家人

　　一些表面看来毫无联系的动物，它们之间竟存在着奇怪的、隐秘的、令人意想不到的亲缘关系，这无疑是一件极为神奇的事情。

　　看看它们吧，有谁能想得到，与大象亲缘关系最近的动物会是海牛、儒艮和蹄兔呢？又有谁能猜到犀牛与貘之间关系密切？再比如，你相信河马和海豚是亲戚吗？或者海豹、海狮和海象都与鲸、海豚或海牛没有亲缘关系，而与熊和鼬之间关系更为紧密？

　　让我们来认识一些大自然中不寻常的家族，还有那些将它们联系在一起的隐秘事实吧。

非洲毛皮海狮
Arctocephalus pusillus

马来貘
Tapirus indicus

白犀
Ceratotherium simum

蹄兔

Procavia capensis

蹄兔科动物都是体形小、肥胖且毛茸茸的食草哺乳动物，它们永远带着一副疑惑的表情，并且拥有一些极其出人意料的亲戚。尽管大约只有兔子般大小，但是蹄兔的近亲是大象和海牛，它们拥有共同的祖先。现存最有代表性的蹄兔主要有 5 种：蹄兔、黄斑岩蹄兔，以及西非、东非和南非树蹄兔。其中，我最感兴趣的就是蹄兔。

我第一次见到蹄兔，是在一次前往开普敦的家庭旅行中，它们在南非被称为"dassie"。我立刻就对它们一见钟情了。当我看着这种长着滑稽小龅牙的小动物，用它们短粗的小腿在桌山[*]斜坡的岩石间迈着碎步疾跑时，我唯一能做的事情，就是惊叹于它们竟能凭借与外形完全不符的敏捷身手攀登陡峭的岩石。不过我相信，如果有蛇和老鹰在后面追捕，你也可以做到！

蹄兔之所以拥有惊人的攀岩能力，其关键在于那双多汗的脚。它们的脚底长着大而柔软的脚垫，脚垫能分泌特殊的物质来保持湿润，这样它们才能够真正地黏附于岩石上。

---

* 桌山为南非的一座平顶山。平顶山是一种顶部平坦、侧面通常是陡峭悬崖的隆起土地，是干燥地区的独特地形。

非洲草原象
Loxodonta africana

蹄兔是一种群居动物，10~80 只不等的蹄兔
会组成群体，一起生活。它们以群为单位去觅食，
其中有一只——通常是处于领导地位的雄性——负责
监视周围环境。与此同时，剩下的蹄兔则在进食。它们食用的植物种类繁多，有些
甚至具有毒性。

蹄兔是一种懒惰的动物，一生中 95% 的时间都在休息。
这在一定程度上是由于它们无法完全控制自己体内的温度。
就像爬行动物一样，蹄兔经常需要躺在阳光下吸收热量。
同时，由于担心温度过高，它们也不能在一天中较热的
时段外出。

虽然在整个非洲和中东的部分地区，蹄兔科动物依然
十分常见，但栖息地的变化给它们带来的影响越来越大。
随着人类不断扩建居住点并修筑道路，蹄兔科动物的迁徙、
觅食、寻找住所和配偶都变得越发困难起来。它们和其
他许多动物一样，日渐发觉自己只能在丘陵和群山之间
孤独地生活，如同生活在一个个小小的孤岛之
上，漂浮在由城镇组成的海洋之中。

㺢㹢狓

Okapia johnstoni

㺢㹢狓是一种大型食草哺乳动物，尽管它们看上去与斑马更为相像，但长颈鹿才是与它们亲缘关系最近的物种。这种害羞且独居的动物土生土长于刚果民主共和国。在那里，它们生活在海拔 500~1500 米的森林里。

长颈鹿南非亚种
Giraffa camelopardalis giraffa

㺢㹢狓身上某些部位的条纹图案以及深栗色的皮毛构成了完美的伪装，使它们能够轻易地与树木和穿透浓密热带雨林照射进来的斑驳阳光融为一体。尽管㺢㹢狓体形庞大，且大多在白天活动，但直到 20 世纪初，人们才知道它们的存在。

㺢㹢狓
Okapia johnstoni

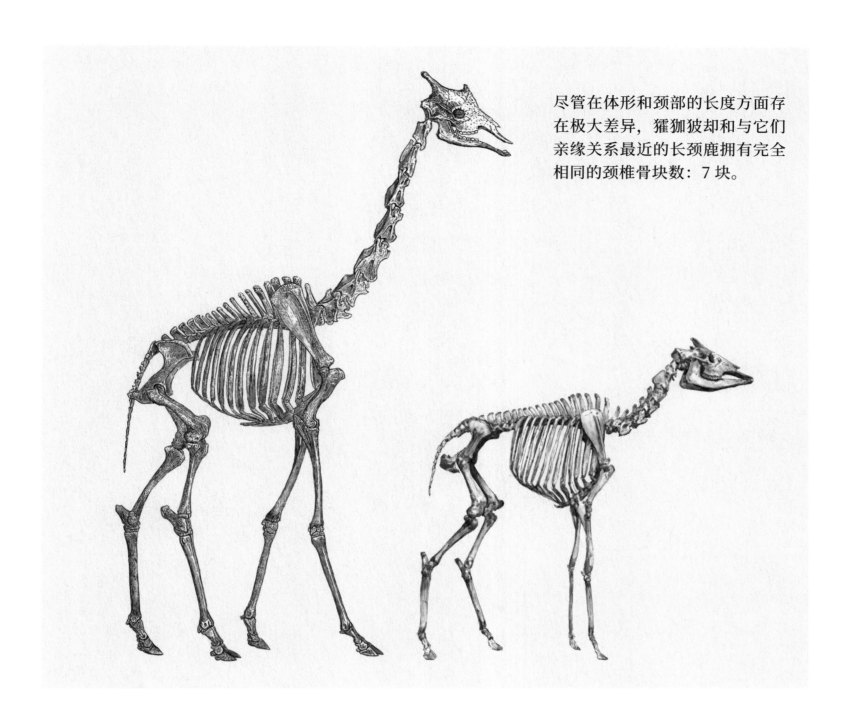

尽管在体形和颈部的长度方面存在极大差异，獾㹠狓却和与它们亲缘关系最近的长颈鹿拥有完全相同的颈椎骨块数：7 块。

獾㹠狓拥有巨大的舌头，最长可达 45 厘米。它们的舌头是"可抓握"的舌头，也就是说，一只獾㹠狓可以利用自己的舌头攫取和拉扯树叶、青草、果实和菌类等它们赖以为生的食物，这与大象使用鼻子的方式颇为相似。獾㹠狓食用的某些植物被证明是有毒的。有人认为，它们之所以会食用黏土，有时甚至还食用森林中的树木燃烧后产生的木炭，主要是为了中和吃下的有毒树叶和果实的毒性，使其消失。

獾㹠狓天性神秘，栖息地遥远且不适宜人类居住，这些地方对绝大多数人而言都难以前往，因此它们很难在野外被观测到。所以，对其种群数量的统计只能通过估计。如今，全世界大约仅有 2.5 万头獾㹠狓。这一统计数据令它们被归为濒危物种。

鸵鸟
Struthio camelus

平胸鸟

平胸鸟是一个由 5 种不同鸟类组成的多样化群体，足迹遍布南半球。其中，鸵鸟生活在非洲，大美洲鸵生活在南美和德国，鸸鹋生活在澳大利亚，鹤鸵生活在澳大利亚、印度尼西亚和巴布亚新几内亚，最矮小的几维鸟生活在新西兰。

大多数平胸鸟都体形巨大，有些还有匕首般的利爪、蛇形的脖子或蓬松的羽毛。但是，在它们的翅膀之下都藏着一个共同的秘密：它们不能飞行。

鸵鸟是平胸鸟中体形最大的，身高可达 3 米，体重超过 150 千克，奔跑时的速度最高可达每小时 71 千米，这个速度甚至超过了赛马。不过，考虑到鸵鸟与狮子、豹、猎豹、鬣狗和豺狗共享非洲大陆，而所有这些动物都在虎视眈眈地想要吃掉它们，这样快的速度也就在情理之中了。

鸸鹋的身高不足 2 米，是体形第二大的平胸鸟，鹤鸵以 1.5 米左右的身高位列第三。大美洲鸵只有 1 米多高，而几维鸟的身高大约只有 45 厘米，和一只鸡差不多大。这些不会飞的神奇鸟类全都非常适应陆地上的生活。

对除了几维鸟之外的其他平胸鸟而言，长腿和强大的耐力使它们能走很远的路去寻找水和食物，也保证了它们在必要的时刻能高速奔跑。强有力的双腿和匕首般的利爪，让鹤鸵成为能力很强且好战的斗士，一旦领地和巢穴遭到侵犯，它们就会为其奋战至死。

几维鸟过着完全不同于其他平胸鸟的生活。作为家族中唯一的夜行成员，它们大多在夜晚出来活动。也正因如此，面对挑战，它们做出了一些有趣的适应性变化。几维鸟几乎是失明的，实际上，在所有鸟类中，它们拥有相对于体形而言最小的眼睛。这也就意味着它们在很大程度上需要依赖于其他感官——尤其是嗅觉——来寻找昆虫、蠕虫和小型两栖动物等，这些构成了它们大部分的食物来源。几维鸟的喙细长、弯曲、感觉敏锐，非常适合在土壤中搜寻食物。不同于其他所有鸟类，几维鸟的鼻孔长在喙尖，而不是像通常情况下那样靠近脸部。因此，它们就可以在看不到，甚至还未感觉到的情况下先闻到泥土中食物的气味。

尽管平胸鸟拥有适应环境的能力，并且从它们已经灭绝的亲戚——恐龙——的时代结束后就一直存活于世，但是全部平胸鸟如今都面临生存威胁。这是由栖息地的丧失、人类的狩猎以及人类带来的其他影
响共同造成的。因此，它们需要
我们的帮助才能生存下来。

鸵鸟雏鸟
Struthio camelus

鸸鹋
Dromaius novaehollandiae

雄性鸸鹋负责孵蛋。一旦它的伴侣产下了一窝蛋，它就会不吃不喝地开始孵蛋，直至雏鸟孵化出来。事实上，雄性鸸鹋在孵蛋期间唯一的活动就是起身翻动蛋，并且每天大约要翻 10 次之多。在孵蛋的 8 周时间里，它的体重甚至会减轻 1/3。

双垂鹤鸵
Casuarius casuarius

鹤鸵的脚有三趾，脚上的爪非常锐利，特别是第二个脚趾上有一个匕首一样锋利的爪，最长可达 12.5 厘米。鹤鸵用利爪来保护自己的领地不受敌人入侵，同时，它强健的腿部还能进行有力的攻击，守护巢穴免受捕食者侵害。

大美洲鸵
Rhea americana

大美洲鸵主要分布于南美洲，也有一小部分生活在德国。2000 年，7 只大美洲鸵——3 只雄性和 4 只雌性——从德国的吕贝克镇（Lübeck）附近逃离。虽然人们竭尽全力对其展开抓捕，它们却仍旧过得逍遥自在。如今，有将近 150 只大美洲鸵在韦克尼茨河（Wakenitz River）的冲积平原上快乐地生活着。

鸵鸟
Struthio camelus

尽管鸵鸟的蛋在所有鸟类中是最大的，但相对于鸟类的体形而言，它们的蛋实际上是最小的。人们普遍认为，鸵鸟在面临威胁时会将脑袋埋进沙子里，因为在它们看来，这样做可以令自己成功隐身。大约从古罗马时代开始，这个观点便流传开来，然而事实却并非如此。真实的情况是，它们把头伸进沙子，只是为了吞食沙粒和石块，帮助它们消化吃下去的耐嚼植物和种子。

奥卡里托褐几维鸟
Apteryx rowi

不同于其他在地面上筑巢的平胸鸟，几维鸟将自己的蛋产在洞穴里，这种做法非常适合它们的短腿和矮胖的身体。和鸵鸟不同，几维鸟的鸟蛋尺寸相对于它们的体形而言可谓巨大。实际上，几维鸟的鸟蛋比鸡蛋大 5 倍，尽管这两种动物的体形大小相仿。

北侏袋鼬
Planigale ingrami

有袋类

　　有袋类是一类主要分布于澳大拉西亚（Australasia）的哺乳动物。澳大拉西亚一般指大洋洲的一个地区，包括澳大利亚、新西兰和其他邻近的太平洋岛屿。在有袋类物种中，将近 70% 都仅分布于澳大拉西亚，其他则多分布在南美洲和中美洲。

　　有袋类动物的体形差异很大，既有身高可达 2 米、单次跳跃跨度可达 9 米的澳大利亚红袋鼠，也有体长大约 6 厘米的北侏袋鼬。后者不仅是最小的有袋类动物，在所有哺乳动物中体形也是很小的。

红袋鼠
Macropus rufus

树袋熊
Phascolarctos cinereus

有袋类动物身体多毛，幼崽以母乳为食。因此，它们和其他种类的哺乳动物间的区别并不明显。尽管如此，有袋类动物还是有着种种有意思的特征，这使它们有别于其他哺乳动物，其中最引人注目的是它们哺育幼崽的方式。绝大多数哺乳动物都是"胎盘哺乳动物"，也就是说，一旦母亲怀孕，在它们的身体中就会形成一个叫作"胎盘"的特殊器官，用来给正在发育的胎儿供给营养。这就意味着，对大多数哺乳动物而言，当它们的幼崽出生时，身体便已经发育得较为完备了。这种情况在大型食草哺乳动物中尤为常见，如羚羊、长颈鹿和大象的幼崽等，它们在出生后几小时之内就能行走和奔跑。

然而，有袋类动物却与此截然不同。它们的幼崽出生时个头儿很小，发育也很不完全，通常情况下都没有视力，并且完全没有毛发。这些新生儿不得不爬着穿过母亲的毛发，进入母亲身上的一个特殊的袋子。它们在那里生长发育，直到长得足够大，可以保护自己时才会离开。甚至连有袋类动物的命名都来自这种行为，而它们身上这种特殊的袋子则被称为"育儿袋"。

塔斯马尼亚袋熊
Vombatus ursinus

　　一亿多年以来，许多有袋类动物已经在地理上与其他动物分隔开来。在这段漫长的时间里，它们不仅发展出许多怪异而奇妙的能力，还扮演了在别的区域中由其他哺乳动物扮演的角色。成群的袋鼠（又被称为"暴走族"）像鹿一样在陆地上移动，啃食各种植物；小小的侏袋鼬像老鼠一样在落叶中窜来窜去；蜜袋鼯从一棵树飞向另一棵树，寻找果实和甜蜜的汁液。它们就像鼯鼠，会使用一种特殊的飞膜滑行。

　　在其他地方由鼹鼠占据的空间，在有袋类的地盘上，已经完全被有袋类动物占据了。例如，有两种袋鼹，终其一生都在地下生活，以甲虫的幼虫为食。它们格外适应这种在地下挖掘隧道的生活，甚至育儿袋都朝后开口，以免在挖掘时有土掉进去。

蝉形齿指虾蛄
Odontodactylus scyllarus

隐秘的能力

我喜欢动物的原因之一，就在于它们身上可探索的东西通常远远超过肉眼可见，即使是那些我们自以为足够了解的动物也同样如此。

有的动物拥有一些令人难以置信的能力，仅凭它们的外表很难发现蛛丝马迹。例如虾蛄，它们是螃蟹和龙虾的近亲，虽然体形很小，却有着与体形不符的强大力量和攻击性。虾蛄以其他小型海洋生物为食，它们会发出致命一击，那对通常折叠在头部下方的掠肢会以惊人的力道向目标出击，摧毁猎物，速度之快在自然界中算是数一数二的。它们发动掠肢的速度比步枪发射子弹的速度还快，快到掠肢前方的水也会因此而沸腾。水体的沸腾会产生大量气泡，气泡迅速爆裂并释放能量。这个现象被称为"空穴现象"。这一现象出现过程中产生的能量，再加上虾蛄致命一击的力道，使得它们能够成功粉碎最厚的贝壳。

另外，我们或许认为，自己可以看到关于其他物种的一切。实际上，在它们的皮毛和羽毛之下隐藏着各种各样的秘密。也许你不会想到，甲虫坚硬的外壳是为了保护一对精致的翅膀，啄木鸟的舌头在整个头骨内部缠绕着。你也无法仅仅通过观察就获悉，蛙类、蝾螈和火蝾螈等两栖动物是通过皮肤和嘴巴呼吸的，这让它们能在水下停留更长时间。

欧洲深山锹甲
Lucanus cervus

　　还有些时候，事实会被隐藏起来，或者跟我们想的不一样，这让我们对某些生物有所误解。比如，我们会以为，红鹳（又名火烈鸟）长长的腿是在膝盖处向后弯曲的。但事实并非如此。实际上，它们是踮着脚尖站立的。也就是说，我们以为的膝盖其实是它们的脚踝，而它们真正的膝盖位置更靠近身体，并且被羽毛盖住了。

　　本章节中的生物都有着难以发现的能力。

秘鲁红鹳
Phoenicoparrus jamesi

章鱼

关于隐秘的能力，很难找到比章鱼更好的例子了。这种奇特的八肢软体动物能够完成非凡的事情，包括解决复杂的问题、改变自己的颜色和形状——即使是大章鱼也能挤过直径只有硬币大小的小孔。

世界上的许多地方都存在着这种令人难以置信的生物，它们体形大小不一，既有体长不到 2.5 厘米、体重不足 1 克的星吸盘侏儒章鱼（*Octopus wolfi*），也有近 5 米长的北太平洋巨型章鱼（*Enteroctopus dofleini*）。

在章鱼四肢的下方覆盖着圆形的黏性吸盘，这些吸盘让它们能够固定身体、移动物体、抓住猎物，并将其传递给位于身体下方的鸟喙状嘴部。

章鱼的智商很高，它们不仅拥有一个很大的"中央大脑"，八条腕足还拥有各自的"微型大脑"。因此，每条腕足都能在没有中央大脑指挥的情况下独自行动——移动、触摸，甚至品尝等，这令章鱼能够比其他物种更加迅速高效地完成任务。

同时，章鱼也是伪装的大师。它们的皮肤下面生长着数千个特殊的细胞——色素细胞，帮助它们瞬间改变颜色，对周围的物体和其他生物的颜色进行模仿。除此之外，它们的皮肤上还有小块突起物，可以迅速地扩张或收缩。章鱼可以利用这些突起物改变身体的形状和质地，使自己看上去像任何东西，无论是海藻、岩石，还是其他物种。

一旦伪装失败，章鱼的八条腕足就会上演更多的把戏。

在受到威胁的时候，章鱼能够向潜在的攻击者脸上喷出浓厚的墨汁。此外，它们还能推动水流通过虹吸管（一种也可用于呼吸的器官），用排水的方式将自己迅速喷射出去，然后离开。

普通章鱼
Octopus vulgaris

非洲豹
Panthera pardus pardus

伪装

　　动物能够通过伪装让自己很难被发现，或者让自己看上去像其他东西。很多物种都能通过伪装躲避捕食者，或借此捕捉猎物，也有些物种同时出于以上两种原因而采取伪装行动。它们利用形状、颜色、质地和战术的变化来融入环境，骗过对手的眼睛，在一场似乎永无止境的捉迷藏游戏中不断地狩猎和隐藏自己。

　　当针对特定栖息地进行伪装时，身上只有一种颜色的物种，会试图与某种特定的颜色融为一体，例如北极熊与冰雪。而有的物种身上可能有多种颜色，那么它可能会让身体呈现出与周围环境相似的样子。林鸱是一种来自南美洲的鸟类，当它们栖息在树上时，带有淡褐色花纹的羽毛会与周围的环境融合在一起，让它们看上去就像折断了的树桩或者树枝，完全不能食用。

　　另外一种动物隐藏在环境中的方式就是利用斑点或条纹等图案，打破身体的轮廓，有效地融入大背景之中。

北极熊
Ursus maritimus

36

豹和猎豹身上的斑点，加上它们小心谨慎的行动，使这些大型猫科动物在穿过凌乱的树丛、茂盛的草地以及斑驳的影子，缓慢地跟踪它们的猎物时很难被发现。对这些"大猫"而言，这一点至关重要，因为它们需要距离猎物非常近，才有可能捕猎成功。

猎豹
Acinonyx jubatus

更复杂的伪装方式不仅包括颜色，还有图案、形状甚至行为等。撒旦叶尾壁虎不仅颜色和形状类似于枯叶，就连身体的姿态也极为相似，它们会将自己隐藏在枯枝败叶中，伺机捕猎。这种壁虎会一动不动地站立，身体僵硬弯曲，像一片枯叶，而一旦感到威胁的存在，无论当时它们正站立于何物之上，它们都会尽量将身体在上面摊平，以便缩小影子的面积。

下面，让我们看看其他动物还用了哪些隐藏技巧。

撒旦叶尾壁虎
Uroplatus phantasticus

变色龙

　　自我记事起，变色龙就是我非常喜爱的动物。当我还是个孩子时，经常会连续几个小时观察它们，看它们缓慢、摇摆着向前爬行，那样子很独特。由于长着两只可以独立转动的眼睛、具有黏性的长舌头、内外相对生长的奇怪的趾，并且拥有变色的能力，变色龙看上去就像一位疯狂科学家的作品。

　　变色龙是一种独特的蜥蜴类群，有大约 200 个物种，从非洲南端到印度和斯里兰卡都能找到它们的踪迹。其中最小的成员——雄性迷你变色龙——体长只有约 1.5 厘米。与此相对，体长最长的成员——奥力士变色龙（*Furcifer oustaleti*）——却能够长到近 69 厘米长。有趣的是，和近一半其他种类的变色龙一样，这两种变色龙都仅生活在马达加斯加。

　　变色龙一生中的大部分时间都在森林的树冠上度过，它们内外相对生长的趾非常适合抓住树枝。另外，它们的尾巴也可用于抓握。

　　变色龙的双眼能够完全独立地大范围旋转，这使它们无须移动便可将周围几乎所有区域内的捕食者或猎物尽收眼底。

迷你变色龙
Brookesia micra

38

豹变色龙
Furcifer Pardalis

变色龙主要
以昆虫为食，它会用那条让
人难以置信的藏起来的舌头，以每
秒 2.6 千米的速度向猎物发起进攻。变
色龙的舌头特别长，可达其体长的两倍，上面包裹着
唾液，其黏性是人类唾液的 400 倍。

或许变色龙最广为人知的还是它们变色的能力。表面看来，它们这样做似乎是为了隐藏踪迹，且它们变化的颜色也确实总能与周围环境相匹配。但实际上，它们使用这项技能有两个主要目的：交流和调节体温。

在交流方面，变色龙非常擅长通过皮肤色调或颜色的变化，向潜在的配偶或对手发出信号。例如，雌性地中海变色龙（*Chamaeleo chamaeleon*）会以明亮的黄色斑点表示自己已经做好交配的准备，而雄性高冠变色龙（*Chamaeleo calyptoratus*）则会在遇到其他雄性时，靠鲜艳的条纹来展示自己的自信。

至于体温方面，变色龙属于冷血动物。由于较浅的颜色能够更好地反射阳光，因此，变色龙为了降温会让身体的颜色变浅。同样的道理，由于深色调更有利于吸收阳光，它们会把身体的颜色变得更深来让体温升高。

云豹

Neofelis nebulosa

从喜马拉雅山的山脚下到东南亚大陆的许多地方，都能看到云豹的踪迹。它们更喜欢待在树上而不是地面上。云豹是大型猫科动物中体形最小的一种，大型猫科动物还包括老虎、狮子和美洲豹等。在所有大型猫科动物中，云豹的犬齿最长——与老虎的犬齿长度相当，尽管它们的体形要比老虎小得多。

云豹胆小害羞，习惯在夜间活动，并且非常善于伪装。它们因皮毛上独特的云状斑点而得名。云豹的四肢和腹部有大小相间的黑斑图案，尾巴上有着浓密的黑色圆环，颈后有黑色的条纹。这些不同的形状和颜色的组合打破了它们身体的轮廓，当阳光或者月光透过森林的树枝照射下来时，它们能借此融入阴影之中。

云豹非常适应在树上的生活。短腿、宽爪以及几乎和身体等长的尾巴都使它们成为卓越的攀登者。依靠锋利的爪子，它们甚至可以抓住树枝的下方倒着攀爬，并且

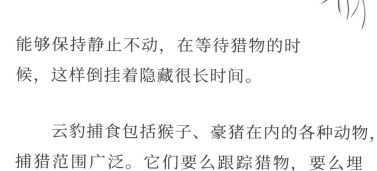

能够保持静止不动，在等待猎物的时候，这样倒挂着隐藏很长时间。

云豹捕食包括猴子、豪猪在内的各种动物，捕猎范围广泛。它们要么跟踪猎物，要么埋伏起来，等待时机扑向猎物，直击对方的脖子，将其一口咬死。

虽然并不清楚这种神秘大猫的具体数量，但其数量确实在不断减少。栖息地的丧失和偷猎共同造成了这一结果，据说目前尚存的云豹数量已不足 10000 只。

斑嘴环企鹅

Spheniscus demersus

斑嘴环企鹅，在南非又被称为"公驴企鹅"，因为它们会发出驴子般响亮的叫声。它们是我最喜欢的一种企鹅，因为它们的生活地点很特别，是人们最不指望能找到企鹅的非洲南部，那里距离任何有积雪的地方都有数千公里远。斑嘴环企鹅生活在纳米比亚和南非之间的 24 个岛屿上，还有开普敦附近的博尔德斯海滩（Boulders Beach）和贝蒂湾（Betty's Bay）。

我小时候曾和这些外形特征明显的小鸟一起游泳。尽管斑嘴环企鹅的小腿以及不能飞的翅膀让它们在陆地上显得相当笨拙，可一旦到了水中，它们就摇身一变成为优雅的游泳者。翅膀让鸟儿在天空中飞翔，也让企鹅在水中尽情游动。斑嘴环企鹅的体形相当小，只能长到 70 厘米高。

提到企鹅身上那时尚的、燕尾服似的图案，我们一般很难将它与伪装联系在一起，然而，这正是那黑白相间的颜色的用意所在。每只企鹅都有黑色的背部和白色的腹部，在胸前长有黑色的条纹和斑点，这些图案对每只企鹅来说，就像每个人的指纹般独一无二。这种双色调的图案产生的效果被称为"反荫蔽"。这种效果在陆地上可能没多大作用，到了水中却可以帮助企鹅隐藏起来。从上方看向企鹅时，它们深色的背部与下方黑暗的海水融为一体。而如果从下方往上看，它们浅色的腹部又能融入上方阳光照耀的水面——倘若你与鲨鱼共享一片水域，那这一点就特别有用！

虽然曾经一度数量众多，但斑嘴环企鹅的数量正在迅速减少，据统计，已经从1910 年的 150 万只下降到如今的不足 5 万只。令人伤心的是，按照这样的速度，预计到 2026 年，斑嘴环企鹅将会在野外彻底灭绝，每每想到这一点我都会心碎。

斑马

斑马身上独特的条纹使它们成为地球上极具辨识度的物种之一，这样一来，它们仿佛是这本书中一个奇怪的例外。然而实际上，斑马也会隐藏起来，不过它们会藏在显眼的地方——这正是它们的有趣之处。

在非洲南部和东部的大部分地区，可以发现 3 种斑马的踪迹。平原斑马（*Equus quagga*）和细纹斑马（*Equus grevyi*）生活在各种不同的栖息地中，山斑马（*Equus zebra*）则更喜欢陡峭的地貌。虽然它们都曾分布甚广，但如今全都面临栖息地减少和狩猎等因素造成的生存威胁。

斑马是马和驴的亲戚，它们非常喜欢群居生活，大约 15 匹为一群，生活在一起，并且经常和其他食草动物，例如角马等混居在一起。斑马有着极佳的视力和听力，两只耳朵可以独立地转向任何方向。一群斑马会轮流吃草，不进食的斑马要站岗守卫。

一旦受到威胁，斑马就会立即拔腿逃命——这时它们的条纹图案才真正体现出价值。这些条纹图案会造成一种名为"运动眩晕"的现象。一群奔跑的斑马形成了一个汹涌的波浪状群体，看起来就像一个运动中的整体。每一匹斑马身上的条纹都打破了自己的身体轮廓。于是，它们形成了一大团令人眼花缭乱的粗条纹，翻腾的鬃毛和冲撞的马蹄令它们仿佛在同时前进和后退，这让捕食者很难锁定任何一个个体。除此之外，有些科学家认为，斑马的条纹有助于使它们免受螫蝇的困扰，因为螫蝇并不喜欢降落在有条纹的皮毛上。

和人类的指纹一样，每匹斑马身上的图案都是独一无二的。没有人能解释为什么会这样，但是有些人相信，这或许能够帮助斑马从远距离辨认彼此。

44

平原斑马
Equus quagga

盔珠鸡

Numida meleagris

这种长着斑点的鸟类能发出令人印象深刻的刺耳叫声，其音色介于驴叫和生锈的门铰链那种吱吱作响的声音之间。这种声音让我回想起童年，而我的家人甚至在我们位于英格兰的小农场里养了几只盔珠鸡，以此纪念曾经在非洲度过的时光。

盔珠鸡有着与众不同的黑白斑点和秃头。从连绵起伏的稀树草原，到长满青草的街边和花园，它们的足迹遍布非洲各地。它们是鸡形目（包括火鸡、鸡和雉鸡等）最古老的的成员之一，化石可以追溯到大约 4000 万年前的始新世时期。

盔珠鸡会组成一个包含多达 30 只鸟的群体，并跟在水牛和角马等动物群体后面旅行。它们的食物范围非常广泛，包括种子和小蜥蜴，还有蜱虫和其他一些被移动的动物群惊扰的害虫。

人们正是根据盔珠鸡特有的叫声以及布满斑点的外形，创作出了我最喜欢的民间传说之一："珠鸡*是如何长出斑点的"（How the Guinea Fowl Got Her Spots）。

生命诞生之初，一切都是新的，珠鸡只是一只长着深黑色羽毛的小鸟，并不像后来那般长满斑点。

珠鸡是奶牛的朋友，它们会一起散步散很久。在此期间，奶牛会大口吃草，珠鸡则在泥土中刨虫子和种子。

---

* 盔珠鸡属于珠鸡科。

　　当奶牛开始进食后，会由于头部低垂而看不到危险的降临，珠鸡就临时充当了它的眼睛。有许多次，狮子正潜藏在稀树草原的长草中准备偷袭，珠鸡都会凭借刺耳的叫声帮助奶牛逃过落入狩猎者之口的命运。

　　珠鸡的警报令狮子的午餐没了着落，因此狮子对它厌恶透顶。为了保护朋友的安全，奶牛便用尾巴蘸上一些牛奶淋在珠鸡身上。这让珠鸡拥有了最为独特的黑白图案，这图案一直留存到今天，也让它们能更好地隐藏于草原上长草间闪烁着的斑驳光线里。

　　我喜欢这个简单的故事，因为它清楚地展示出珠鸡和其他动物之间的关系，以及它们羽毛上的图案是如何打破轮廓为其提供伪装的。

49

视线之外

　　许多动物都会躲避捕食者的视线以求生存。它们有些住在洞穴中或者岛屿上，有些则生存在地下。

　　有的动物靠着在夜间活动隐藏自己，这意味着夜晚是它们最活跃的时间。尽管夜行能帮助一些动物躲过捕食者，但这也是一把双刃剑。狮子喜欢在夜晚狩猎的原因之一，就是它们的很多猎物都有着糟糕的夜视能力。

　　有些动物由于体形太小很容易被直接忽视，在周围的一切生物都想要吃掉你的时候，不易被发现其实是件好事。例如，行动迅速而谨慎的小林姬鼠——一种来自欧洲和非洲西北部的小型啮齿动物——就能利用它们深色的皮毛和较小的体形在夜间隐藏踪迹，躲过如狐狸、鼬和鸮类（俗称猫头鹰）等捕食者的视线。

　　当一种动物与所属物种的其他动物隔绝开来，比如单独生活在岛上，它们采取的演化方式常常会与大陆上的亲戚大相径庭。有些动物可能搬到树上或者潜入海底，有些动物的饮食习惯和外表可能会发生改变。随着时间的推移，它们身上与大陆上的亲戚相似的某些特征可能消失了，有时甚至会在演化的过程中变成全新的物种。生活在陆地上的爬行动物可能会进入水域，鸟类也许依然保留着翅膀，但是不再飞行。就像厄瓜多尔的科隆群岛（又叫加拉帕戈斯群岛）上不会飞的鸬鹚一样，它们安居在没有捕食者的岛屿上，缺少天敌的环境使它们不再需要为了繁殖进行长途跋涉，长此以往，便失去了飞行的能力。

　　在这一章节中，我们将探讨一些难以被发现的物种。

睫角棕榈蝮
Bothriechis schlegelii

倭狨

Cebuella pygmaea

有些动物仅仅凭借体形较小这一优势，就能成功地将自己隐藏起来。毕竟，如果从一开始就很少被发现，那想一直不被注意到就会容易很多。

倭狨是一种生活在南美洲热带雨林中的猴子，由于体形极小，所以很难被看到。它们的体重只有 100 多克，在灵长类动物中也算非常小的 —— 只有马达加斯加的贝氏倭狐猴比它们更小。

倭狨的皮毛呈黑色、灰色和金棕色，2~9 只成年个体及其后代会组成一个群体，一起生活在高高的树上。

这种体形极小的灵长类非常适应树上的生活，为此发展出的能力包括：可以将头部旋转 180 度，以便随时发现危险；指甲呈爪状且十分锋利，能帮助它们抓紧树枝；还有一条长尾巴，用来保持平衡。倭狨以四足行走，在树间的跳跃跨度可达 5 米 —— 这已经是它们身长的近 50 倍。

当倭狨需要从捕食者 —— 包括小型猫科动物、蛇（如睫角棕榈蝮等）和各种猛禽（如角雕等）—— 的追捕中迅速逃命时，所有这些能力都会派上用场。

纳马短头蛙

Breviceps namaquensis

保证安全的方法之一就是大部分时间都在地下度过，纳马短头蛙采用的就是这种策略。它是我特别喜欢的一种动物。这种生活在沙漠中的小型两栖动物分布在南非、纳米比亚和津巴布韦。

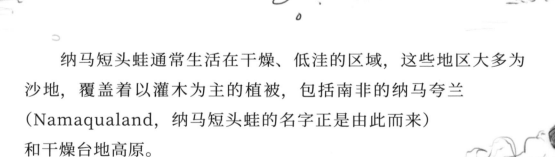

纳马短头蛙通常生活在干燥、低洼的区域，这些地区大多为沙地，覆盖着以灌木为主的植被，包括南非的纳马夸兰（Namaqualand，纳马短头蛙的名字正是由此而来）和干燥台地高原。

纳马短头蛙浑圆的小身体呈蹲坐姿势，头部又短又窄，大眼睛和总是看起来不高兴似的薄嘴唇组合在一起，给了它们一副永远愤怒的表情。它们大部分时间都躲藏在凉爽潮湿的沙子里，只在夜间出来捕食昆虫及其幼虫。一旦受到威胁，它们小小的身体能膨胀到比原来大得多的程度，同时还会发出短促的尖叫，想以此吓退捕食者。

不同于其他大多数两栖动物，纳马短头蛙完全不在水里生存和繁殖。它们将卵产在地下，并在上面覆盖厚厚的胶状物质。当卵发育至蝌蚪阶段，胶状物质就会软化成液体。在变成蛙之前，蝌蚪会一直生活在这些液体中，变成蛙之后，它们才开始挖掘自己的洞道。

仓鸮

Tyto alba

夜行动物通常具有高度发达的听觉、嗅觉以及适应性极强的夜视能力。由于夜间光线较暗，有些夜行动物的眼睛相对于其体形显得格外大。其中的一个典型就是婴猴（也被称为丛猴），另一个则是仓鸮。

除了又大又厉害的眼睛外，仓鸮的听觉也格外出色，就连它们的面部也为了能适应在夜间生活和狩猎而长成了心形。仓鸮的面部呈一个近圆形的面盘，这个面盘的作用就像雷达天线，会将声音传递到耳中。更重要的是，它们还能利用特殊的面部肌肉随心所欲地改变面盘的形状。这样一来，仓鸮就可以针对不同类型的声音，更好地定位自己的猎物。

和大多数的鸮一样，仓鸮也能寂静无声地飞行。在世界上大部分地区的各种栖息地中，这种技能都有助于它们捕猎在地面活动的小老鼠和小田鼠。仓鸮同样依赖卓越的听力捕食猎物，它们的耳朵格外敏感，而且还不对称。两只耳朵的形状不同，其中一只在头上的位置要比另外一只更高。当仓鸮听到猎物在树叶中或草地间移动时，它们会用不对称的耳朵精准地对猎物进行定位。声音传递到左耳和右耳的时间存在微小的差异，这有助于仓鸮俯冲到正确的位置。

许多其他种类的鸮也拥有不对称的耳朵，例如斑雕鸮。尽管这种鸮头顶上的簇状耳羽看起来像两只耳朵，但实际上，它们不对称的耳朵是生长在头部两侧的。

斑雕鸮
Bubo africanus

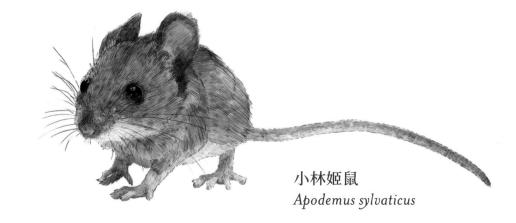

小林姬鼠
Apodemus sylvaticus

科莫多巨蜥

Varanus komodoensis

　　有时候，当一个物种被隔绝在一个隐蔽的岛屿上时，它们的体形会根据所处的环境发生变化。例如，小型动物面临的威胁较少，它们便有足够的空间长得更大——甚至能够替代在其他地方由另外一种动物占据的位置。相对应的是，体形较大的动物可能会遇到资源匮乏、不足以维持生存的环境，这时较小的栖息地便意味着它们必须变得更小才能存活下来。

　　印度尼西亚群岛上的科莫多巨蜥就是这样一种生物。能长到 3 米长的科莫多巨蜥，是一种体形庞大的蜥蜴，它在岛上的栖息地中扮演的角色，相当于其他地方的老虎等大型食肉动物。虽然体形如此之大，但科莫多巨蜥每年只需要进食 12 次。每一次，它们吃下的食物重量，大约相当于体重的 80%，然后它们就靠着这些储存起来的能量活到下一次进食。

　　科莫多巨蜥大多独居，但有时也会成群结队地生活和狩猎，彼此间积极地互助合作。这种行为在爬行动物中是独一无二的。

　　被科莫多巨蜥咬伤足以致人死亡。长期以来，人们都认

为，由于巨型蜥蜴是食腐动物，它们的口腔中必然充满致命的细菌。即使猎物能够在科莫多巨蜥最初的攻击下侥幸存活，最终也会因感染而死亡。但是后来人们发现，原来在科莫多巨蜥的下颚上有两个腺体，能够分泌有毒的蛋白质，正是这种蛋白质令它们成为世界上为数不多的有毒蜥蜴之一。

毋庸置疑，科莫多巨蜥最惊人的适应性体现在，雌性个体可以在没有雄性的情况下，通过一种名为"孤雌生殖"的方式繁殖后代。雌性科莫多巨蜥能够产下一窝只孵化出雄性幼崽的蛋。然后，它们通过与这些雄性交配，创造出一个新的种群。在新种群中，会同时存在雌性和雄性幼崽。正是这种绝佳的适应性，使科莫多巨蜥能在偏远孤立的岛屿上生存下来。

科莫多巨蜥
Varanus komodoensis

穴居生活

出于种种原因，许多动物都生活在洞穴等难以接近的地方。像蝙蝠这样的夜行动物会以此来躲避捕食者——毕竟，如果捕食者找不到猎物的话，就没法吃掉它。这些动物在黑暗中繁衍生息，白天时在自己的窝里安然地熟睡，晚上在夜色的掩护下才会外出觅食。

穴居动物是一类非常适应地下或洞穴生活的生物，它们从不离开自己生活的地方。有些穴居动物可能是由偶然被困在洞穴里的鱼类、蜘蛛、甲虫或者多足类演化而成的，还有些则是一直采取这种生活方式的物种。

穴居动物通常有一个共同点，那就是以特别的方式适应着自己的生活环境。由于穴居动物不能在洞穴之外长期生存，因此它们无法在各个独立的洞穴系统间穿行。于是，很多穴居动物的踪迹只在某个单一的洞穴系统中被发现，这无疑让它们更容易受到环境变化的影响。

许多穴居物种都没有视力或通体白色，因为它们生活在没有任何光线的环境中，也不会被其他生物看到，因此既不需要眼睛，也不需要有颜色。为了弥补失去的感官，很多物种演化出了极佳的听觉、嗅觉和触觉。许多穴居动物都有长长的触角，上面遍布着感受器，帮助它们不用眼睛就能"看到"自己的世界。

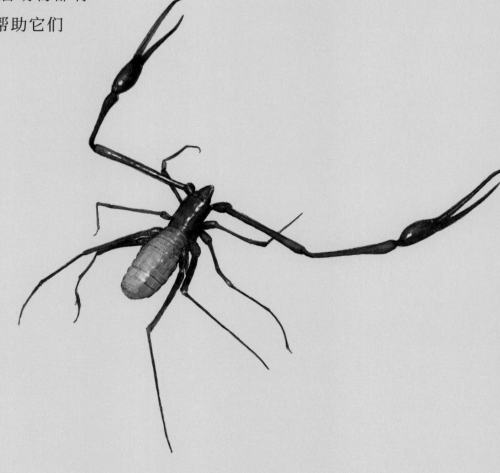

穴居伪蝎
Titanobochica magna

普通长耳蝠
Plecotus auritus

洞螈，这种来自欧洲中部和东南部的灰白色蝾螈，就是一个典型的例子。与大多数在水中和岸上都能生活一段时间的两栖动物不同，洞螈终其一生都生活在水中。它们完全没有视觉，依靠出色的嗅觉和听觉寻找赖以为生的食物——小昆虫、虾和蜗牛。

当食物短缺时，洞螈能够在没有食物的情况下存活长达十年。这是另一种适应洞穴生活的表现：新陈代谢缓慢。在这种情况下，它们的身体处理食物和营养物质的速度比一般情况下要慢得多，因此能量的利用效率极高。由于地下食物稀缺且相距甚远，所以对生活在这种环境中的生物而言，对食物的物尽其用是非常重要的。

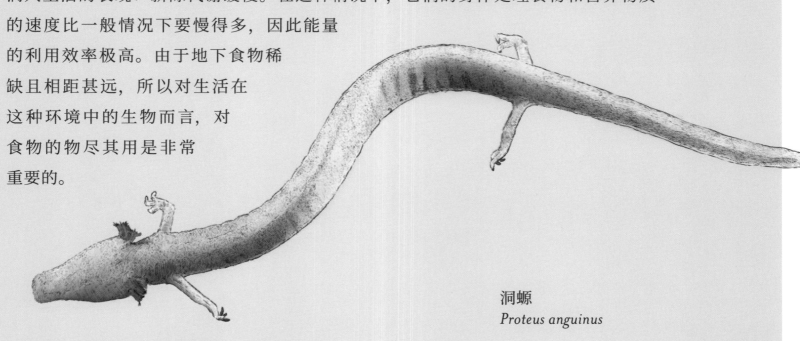

洞螈
Proteus anguinus

环颈直嘴太阳鸟
Hedydipna collaris

金喉红顶蜂鸟
Chrysolampis mosquitus

趋同演化

自然界中有一种极为神奇却又隐秘的现象，叫作"趋同演化"。在这个演化过程中，由于不得不适应某种同样的环境，并没有密切亲缘关系的生物之间却发展出了相似的特征。

飞行就是一个完美的例子。鸟类、蝙蝠、昆虫以及如今已经灭绝的翼龙都独立地演化出了飞行能力，但具体的演化方式，各个物种之间并不相同。这种差异可以从每个物种的翅膀结构中看出来。例如，鸟的翅膀和蝙蝠的翅膀差异很大。蝙蝠的翅膀是一层皮膜，这层皮膜在蝙蝠四根特别细长的手指和腿上延展开来。与此不同的是，鸟类翅膀的表面是由羽毛构成的，这些羽毛附着在前肢骨骼愈合形成的骨头上。

上：蝙蝠的翅膀；下：鸟类的翅膀

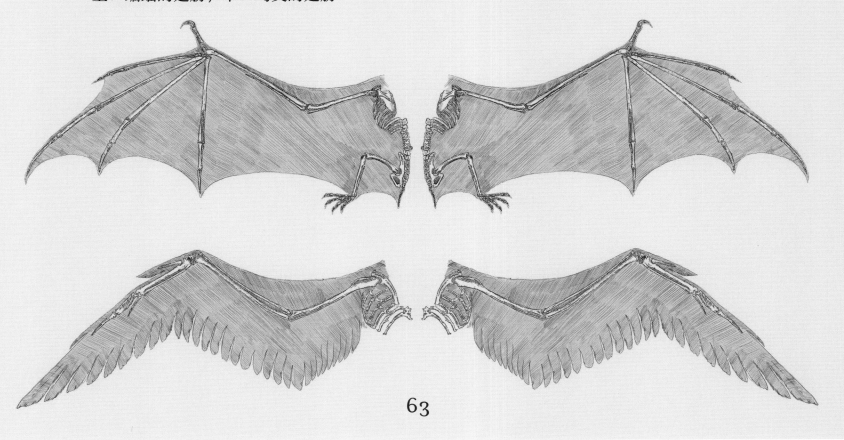

63

有一种现象我觉得特别有趣，那就是毫不相关的动物彼此相似的情况竟出现得如此频繁。长期以来，我都对鸟类非常着迷，尤其是像太阳鸟这样色彩鲜艳的鸟类。当我还是个孩子的时候，第一次在祖母位于南非的花园里看到了太阳鸟。我看着它们从一朵花飞向另一朵花，然后注意到它们无论外形还是行为方面都与蜂鸟极为相似。

辉紫耳蜂鸟
Colibri coruscans

太阳鸟和蜂鸟格外相似，实际上，如果将这两个物种放在一起，你很有可能会认为它们是同一种鸟——或者至少有密切的亲缘关系。它们都体形小且行动迅速，羽毛颜色鲜艳，长而弯曲的喙可以深入花朵，使它们能够吸食花蜜。但是，太阳鸟和蜂鸟之间并没有密切的亲缘关系。

64

辉绿花蜜鸟
Nectarinia famosa

双色树燕
Tachycineta bicolor

喜鹊
Pica pica

　　蜂鸟生活在美
洲，而太阳鸟的足迹遍布
非洲和东南亚等地。它们不仅
相隔数千公里的距离，而且分属不同
的科。事实上，蜂鸟与雨燕的亲缘关系，以及
太阳鸟与燕子、喜鹊和乌鸦的亲缘关系，都比蜂鸟
与太阳鸟之间更加密切。

　　这两种鸟表现出的所有惊人的相似之处，其实都是在趋同
演化的过程中形成的。它们为了适应环境才产生了这些相似的
特征。

65

扭角林羚
Tragelaphus strepsiceros

雄性和雌性：二态性

有时，同一物种的雄性和雌性间会存在很大差异——它们可能在体形、体重、颜色、斑纹，甚至行为方面都各不相同。这种差异被称为"二态性"，有各种原因可能造成这种现象。

在同一物种中，雄性和雌性之间出现的差异与"配偶选择"有关。也就是说，表现出有利特征的生物成功繁殖后代的可能性更高，更能适应所在的环境。例如，在一些物种（如大多数哺乳动物）中，雄性通常比雌性体形更大。这是因为雄性通常需要扮演力量型的角色，比如依靠力量保护自己的家庭和领地免受攻击。为了实现这一目的，雄性甚至会多长出一些身体部位，或某些部位长得格外大，像是角或长牙，这样的现象在一些物种中常常可以看到，比如鹿。相比之下，在很多昆虫中，雌性反而比雄性大很多，因为这样能使它们容纳并产下更多的卵。

雌雄之间出现差异的另一个原因是为了获取食物。在诸如鹰这类的猛禽中，雌性往往比雄性体形更大，只有这样，它们才能够更好地喂养自己和后代。

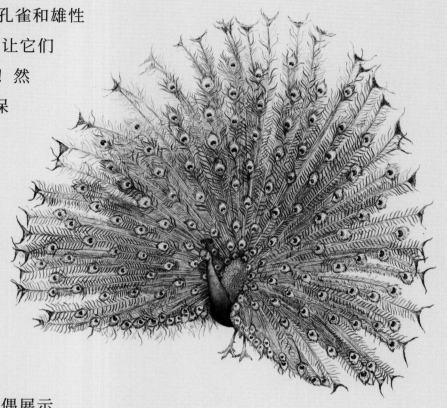

　　尽管很多物种通过伪装使自己与环境融为一体，并以此来躲避捕食者，雄性极乐鸟、雄性孔雀和雄性雉鸡却喜欢炫耀身上奢侈的华服——这让它们看上去像是要把自己当成餐点奉献出去！然而，它们身着华服的真正原因是要确保将自己的基因传递下去，而那些令人印象深刻的羽毛无疑提高了它们吸引到配偶的概率。

　　野生的雄性雉鸡寿命不足一年，雌性的寿命则几乎是雄性的两倍。不过，雄性雉鸡能否吸引异性并不取决于它能活多久，而是取决于它在雌性的眼里是否有吸引力。颜色鲜艳的羽毛是为了向潜在的配偶展示自己足够健康强壮，是给雏鸡当爸爸的绝佳选择，毕竟病弱的雄性即使羽毛色彩鲜艳也无法存活很久。

蓝孔雀
Pavo cristatus

　　在相当漫长的演化过程中，这些将同一物种的雄性和雌性区分开来的特征变得越发明显——颜色越来越鲜艳，角越来越大，越来越令人过目难忘。如今，我们可以看到这种差异以多种形式表现出来，本章节我们就来探讨一些我非常喜欢的例子。

雉鸡
Phasianus colchicus

狮子

Panthera leo

　　狮子是一种极具辨识度的物种，也是体形仅次于（只是仅仅！）老虎的大型猫科动物。狮子具有二态性，雄狮比雌狮体形更大、体重更重——有时，雄狮个体的体重可达雌狮的两倍。雄狮强壮的身躯、低沉的吼声和令人印象深刻的鬃毛，令它们成为当之无愧的"百兽之王"。不过，尽管雄狮名声在外，但实际上，大部分养家的职责都是由雌狮承担的。

　　狮子的一个独特之处在于，它们是唯一群居的猫科动物。它们会组成名为"狮群"的家庭单位，其中一般包含三头左右有密切血缘关系的雄狮、十几头雌狮以及它们的幼崽。狮群中的雌性之间同样有血缘关系，因为雌性幼崽在狮群中长大，之后通常仍会留在狮群中生活。而雄性幼崽成年后最终会离开狮群，通过接管属于另一头雄狮的狮群，建立起自己的家庭。

雄狮的任务是保卫自己狮群的领地，其面积可达数百平方千米。它们通过标记气味、咆哮以及——如果有必要的话——驱赶入侵者等方式来履行这一职责。

与此同时，雌狮则负责完成大部分捕猎工作，担负起养育幼崽的重任。有时，雌狮会独自捕猎，并且能够捕到体形两倍于自己的猎物。不过，当它们集体出动的时候，雌狮便可以捕捉到比自己速度更快、体形也大得多的猎物，而这对于单独一只雌狮而言，是很难做到的。这类猎物包括羚羊、斑马、角马和水牛等。

尽管狮子的狩猎能力惊人，但事实证明，它们宁愿从鬣狗、豹或野狗那里去抢一顿饭，也不愿意亲自捕猎。

狮子因其勇气、体形和力量而闻名，但它们依然需要我们的帮助。在大多数的栖息地中，狮子已经处于濒临灭绝的险境，如今只能在撒哈拉以南的非洲的零星地区发现它们的踪迹。此外，还有一个非常小而脆弱的亚洲狮种群，目前正生活在印度的吉尔国家公园里。

非洲野犬
Lycaon pictus

非洲水牛
Syncerus caffer

角雕

Harpia harpyja

得名于古希腊神话中半人半鸟怪兽的角雕，很容易被认作神话中的生物。然而，这种有着巨大的钩状喙，爪子跟灰熊熊掌一样大的猛禽是无比真实的存在——尤其当你是一只猴子或者树懒的时候！

角雕的足迹遍布中美洲和南美洲的低地及热带雨林，是现存体形和力量都相当大的一种猛禽。角雕的体长可达 1 米，翼展有 2 米左右。

角雕主要捕食猴子和树懒，它们会动用各种强大的感官来完成抓捕。角雕脸部的羽毛形成了一个近圆形的面盘，可以聚焦声音来提高听力。它们的视力也同样出众，能从 200 多米之外看到邮票大小的物体。

凭借那双短而有力的翅膀，角雕能够以每小时 80 千米的速度高速飞行，并在树冠下展开狩猎，把那些倒霉的猎物从树上拽下来。它们的腿如男人的手腕一样粗，还长着动物界数一数二的长爪，这让它们拥有自然界中最强大的足。当角雕发起攻击时，它们施加的巨大压力足以使猎物的骨头粉碎，令其顷刻丧命。

虽然雄性和雌性角雕拥有同样的羽毛，但是雌性个体明显比雄性更大。没有人知道其中的确切原因，不过有一种说法认为，雌性的体形更大是因为当它们孵化雏鸟和养育后代时，需要守护自己的巢穴不受捕食者侵犯。

角雕终生交配，每两到三年才养育一只小角雕。因此，虽然它们拥有惊人的力量和威严，却依然由于人类引发的环境压力 —— 包括栖息地的丧失和狩猎等 —— 而面临巨大的生存威胁。

大极乐鸟
Paradisaea apoda

绶带长尾风鸟
Astrapia mayeri

极乐鸟

  极乐鸟是自然界诠释二态性的极佳案例。尽管雄性个体展现出令人难以置信的华丽羽毛，雌性却以通体褐色的羽毛作为伪装。实际上，雄性如此华丽的外形令它们看上去似乎是与雌性完全不同的物种。

  极乐鸟共有 40 种左右，分布于在印度尼西亚东部、巴布亚新几内亚和澳大利亚东部。它们的栖息地大多为茂盛的热带雨林。极乐鸟一般以水果和昆虫为食。

  虽然同属极乐鸟科，但不同品种的极乐鸟间的差异，就像同一种极乐鸟雌雄个体间的差异一样大。它们的体形变化范围极大，既有体长只有 16 厘米的王极乐鸟，也有体形几乎为前者 3 倍大小、恰如其名的大极乐鸟。

雄性极乐鸟的羽毛在阳光下会呈现出各种颜色，包括鲜艳的蓝色、绿色和红色，甚至还会有一些转瞬即逝的色彩。有些雄性拥有头羽，有些有胸羽、尾羽或者背羽，还有一些则没有这些装饰性羽毛。所有这些惊人的变化都只为实现同一个目标：吸引雌性的注意力。

　　为了能吸引到配偶，雄性极乐鸟将自己亮丽的羽毛和炫目的颜色精心地展示出来。它们还会发出奇怪的叫声，并且按照特定的顺序，精确地完成一系列雌性期待看到的动作，例如摆动头部、原地弹跳、左右摇摆跳动等。

王极乐鸟（雄性）
Cicinnurus regius

每天，雄性极乐鸟都会花上数小时练习它们那特殊的舞蹈，维护它们的表演区域，小心地清除那里的枯枝败叶。随后，它们会精确地摆好姿势，以便能在最大程度上展示其华丽的羽毛，等待雌性到来，然后为其献上自己的表演。

很多不同种类的极乐鸟如今都濒临灭绝。它们绚烂的羽毛引来了大批狩猎者，人们会用这些羽毛做衣服或举行各种仪式。另外，它们也面临栖息地遭到破坏的威胁，这种破坏主要是砍伐森林造成的。

王极乐鸟（雌性）
Cicinnurus regius

雄性王极乐鸟尾羽的细节

颜色的秘密

　　动物的颜色特征或许看起来很简单，但实际上非常复杂，其中隐藏着许多秘密。从伪装到发送信号，动物们出于种种原因，以各种不同的方式巧妙地对颜色加以利用。有些动物会用颜色警告潜在的捕食者"我很危险"，另外一些动物尽管本身无害，却会模仿更危险的物种的颜色。

　　动物有很多方式可以产生颜色。有些物种——尤其是鱼类、爬行类和甲壳类动物——皮肤中存在色素细胞，其中含有色素，并能反射光线。色素是存在于皮肤、眼睛、毛发或身体其他部位的有色物质，它们使动物的外表呈现出不同的颜色，如红色、绿色或黄色。

　　包括太阳鸟、蜂鸟和极乐鸟等在内的很多鸟类，它们的羽毛都有绚丽的颜色，被称为"彩虹色"。我们通过这种方式看到的并非真实的色彩。在这些鸟类的羽毛上覆盖着无数微小的透明鳞片，这些鳞片会重叠成菱形图案，排列成薄薄几层。

丽色掩鼻风鸟
Ptiloris magnificus

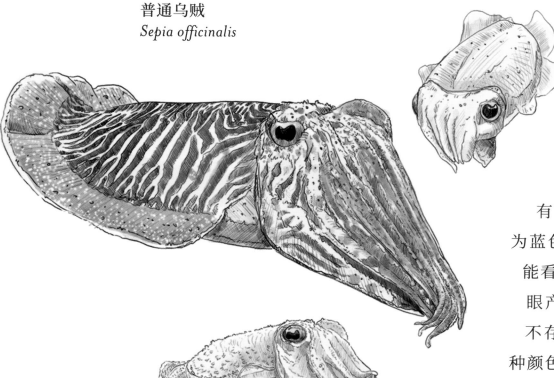

普通乌贼
Sepia officinalis

光线照射到鳞片上，只有一部分会被反射，人眼将其视为蓝色。同时，鳞片抵消了我们可能看到的任何其他颜色，这会让人眼产生一种错觉，看到实际上并不存在的闪亮的颜色，我们称这种颜色为"结构色"。结构色有多种表现形式，彩虹色便是其中一种。

很多鸟类会利用结构色来求偶。只有当光线以恰当的角度落在鸟类的羽毛上时，这种结构色，即"彩虹色"才会出现。所以，一些雄性鸟类，例如雄性丽色掩鼻风鸟，要不断调整自己相对于观众的位置，以便达到仿佛能控制羽毛颜色的效果 —— 展示颜色或使颜色消失。

有些物种，包括乌贼、鱿鱼以及一些深海鱼在内，都能自己发光，并且有时还会发出不同颜色的光，这种现象被称为"生物发光"。一些动物的皮肤中含有特殊的色素，能帮助它们免遭阳光晒伤。以斑鹿为例，它们最容易暴露在阳光下的部位是背部，上面生有一条颜色较深的条纹，为其提供保护。再比如一些蛙类，甚至能像变色龙一样，调整自己的肤色亮度，使其变浅或者变深，以达到调节体温的目的。

在利用颜色这个问题上，动物们往往会使用很多惊人的方式。大多数动物至少会综合使用上述方法中的两种，来形成生存所需的各种颜色和效果。

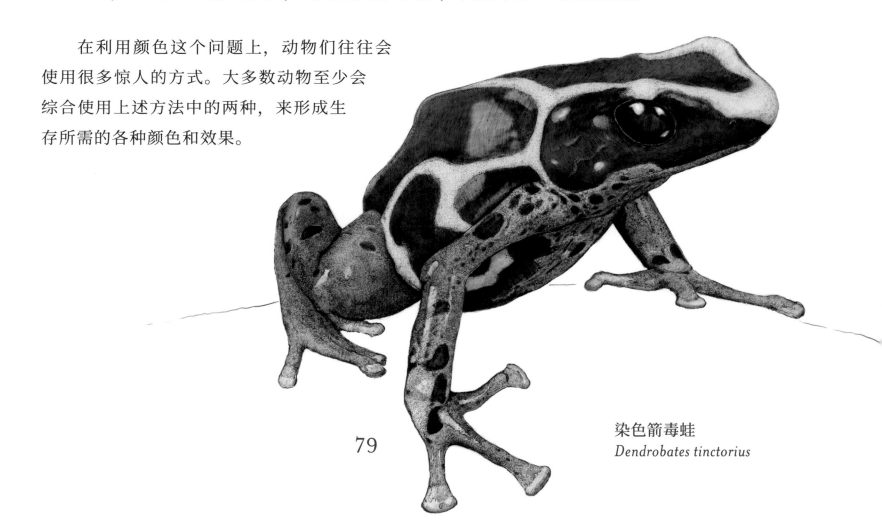

染色箭毒蛙
Dendrobates tinctorius

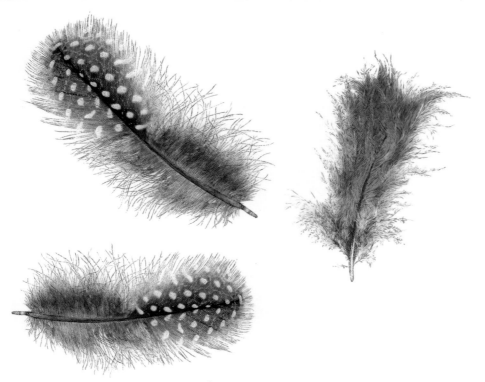

羽毛

羽毛是自然界中一种极其复杂而不可思议的结构，它使鸟类有别于其他所有动物。羽毛是从爬行动物的鳞片演化而来的，几乎在鸟类生存的各个方面都发挥着作用，包括飞行、保暖、保持身体干燥以及沟通交流等。羽毛甚至还具有保护作用，无论是保护身体还是进行伪装。我们可以通过羽毛的颜色和形状来区分不同的鸟类，在有些情况下还能借此对雌性和雄性加以区分。

羽毛主要由角蛋白构成，人类的头发和指甲也是由它构成的。羽毛主要有两种类型，分别为正羽和绒状羽。

所有羽毛都包含以下几部分：

羽轴：

这是羽毛的中心部分，是中空的。羽轴的底部光滑，一直延伸到皮肤下的部分被称为"羽根"。羽轴的上部位于皮肤外的部分叫作"羽杆"。羽轴的每侧都长有一整套"羽枝"，通常我们所说的羽片指的就是这部分结构。

羽枝：

每个羽枝上面都有两组"羽小枝"，这些羽小枝与相邻羽枝上面的羽小枝交织在一起。

羽小枝：

每个羽小枝上面都长有小钩，这种小钩被称作"羽小钩"，羽小钩使相邻的羽小枝可以像拉链般互相勾连在一起。这样就形成了羽毛平滑的表面，还有助于保持羽毛的形状。这种紧密的联结让羽毛在鸟类飞行或海鸟游泳时，依然能固定在一起。

正羽

飞羽:

飞羽是覆盖着鸟类翅膀和尾巴的大型羽毛。
飞羽又可以被进一步分为四类。

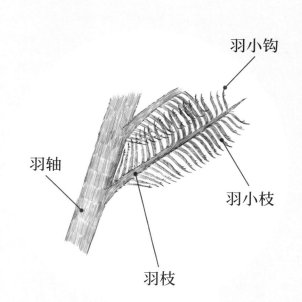

羽小钩
羽轴
羽小枝
羽枝

- 初级飞羽是位于鸟类翼尖的十根羽毛，
  其结构为鸟类飞行提供动力。
- 次级飞羽形成了翅膀的中间部分，
  为鸟类飞行提供升力。
- 三级飞羽是最靠近身体的羽毛。
- 尾羽具有减速的功能，并能在鸟类飞行过程中控制方向。
  大多数鸟类都有十根尾羽。

覆羽:

覆羽覆盖了鸟类身体的大
部分地方，能够保护它们不受天
气变化的影响，并且通常带有颜
色或图案。

覆羽

羽轴

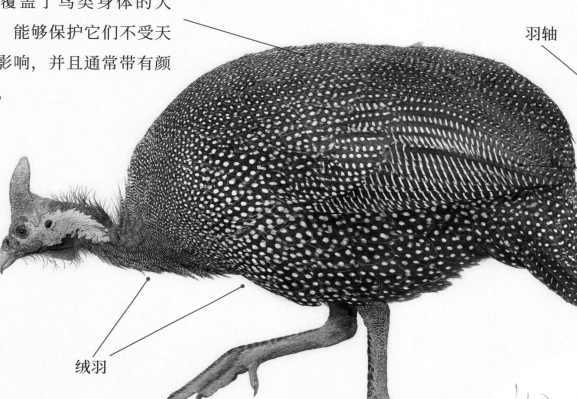

飞羽

绒羽

绒状羽

羽小枝

绒羽:

这些绒毛般的
小羽毛主要位于覆羽和飞羽
之下。它们能把空气留在皮肤
和羽毛之间，起到一种隔绝的作用，
使鸟类不受炎热或寒冷气候的影响。

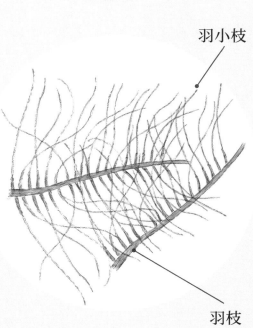

羽枝

羽轴

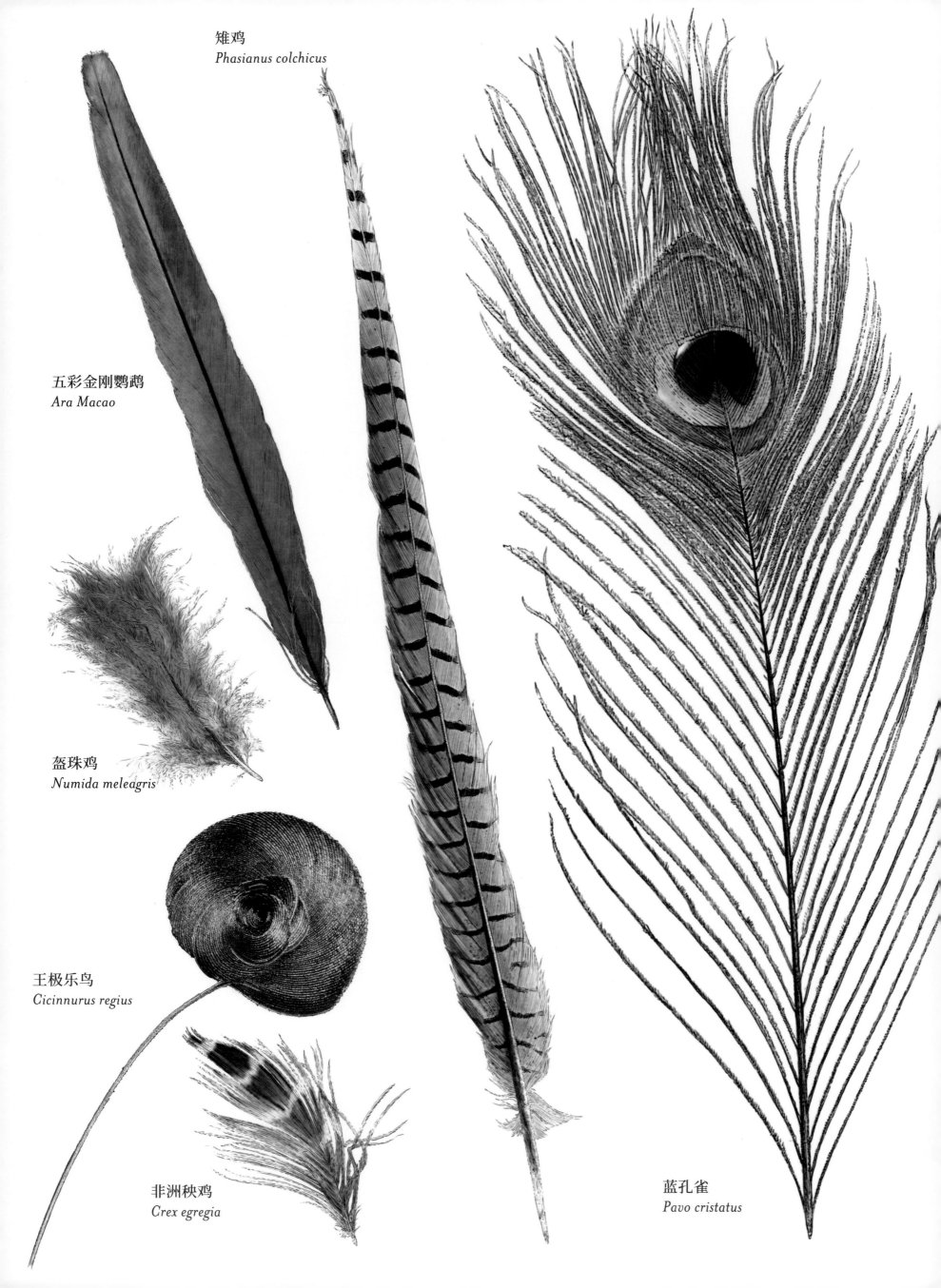

雉鸡
Phasianus colchicus

五彩金刚鹦鹉
Ara Macao

盔珠鸡
Numida meleagris

王极乐鸟
Cicinnurus regius

非洲秧鸡
Crex egregia

蓝孔雀
Pavo cristatus

红腹锦鸡
Chrysolophus pictus

盔珠鸡
Numida meleagris

凤头黄眉企鹅
Eudyptes chrysocome

鸵鸟
Struthio camelus

冠蓝鸦
Cyanocitta cristata

与众不同

在我们这颗星球上遥远的角落里，隐藏着许多完全有别于其他物种的、稀有而特殊的物种。这些物种在我们的世界中占据着独特且不可替代的地位。它们或者代表着演化的死胡同，或者已经成为同类中最后的幸存者。这些奇怪又美妙的生物是地球上极为珍贵的存在，但其中有许多同样濒临灭绝。

鸮鹦鹉
Strigops habroptilus

鸮鹦鹉是一种大而健壮的鹦鹉，原产于新西兰。它们是所有鹦鹉中体重最重的，可达 4 千克，体长可达 64 厘米。另外，它们也是寿命最长的鸟类，可存活 60 年左右，有些科学家甚至认为它们或许可以活到 100 岁。

鸮鹦鹉是夜行动物，它们的毛利语*名字的意思是"夜晚的鹦鹉"。大多数鹦鹉都有着明亮的颜色、强大的飞行能力、善于交际的性格，鸮鹦鹉却不是这样。它们不仅身体呈现出苔藓绿色，还更喜欢独居生活。在鸮鹦鹉的演化过程中没有遇到太多捕食者，因此它们的翅膀下隐藏着不会飞行的秘密。取而代之的是，它们会凭借壮硕且肌肉发达的双腿在林间奔跑。

尽管鸮鹦鹉曾经一度广泛分布于新西兰各地，但狗和猫等捕食者的引入已经使它们在自己的原始栖息地上濒临灭绝。到 2019 年，只有新西兰沿海的三个小岛上还有鸮鹦鹉，共计 140 余只。这些岛屿是鸮鹦鹉的庇护所，岛上正在积极实施一项保护计划，帮助它们渡过难关。

---

* 毛利语是新西兰土著毛利人的语言，也是新西兰的三种官方语言之一。

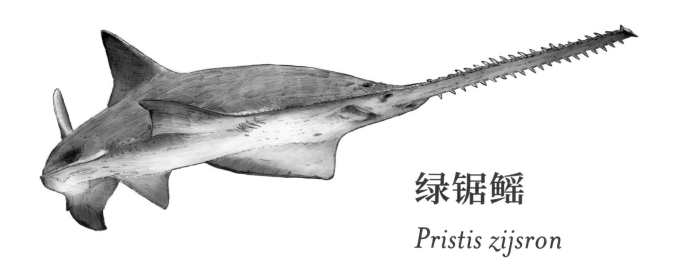

绿锯鳐
Pristis zijsron

绿锯鳐是所有锯鳐中最大的，体长可达 7.3 米。它那长且呈锯齿状（绿锯鳐正是由此得名）的鼻子被称为喙，有时甚至会占其身体长度的近 1/3。绿锯鳐的寿命长达 50 年，可以直接产下体长近 80 厘米的后代。

绿锯鳐锯齿状的喙很容易被渔网缠住，很多绿锯鳐都因此意外被捕，这种情况造成了其种群数量的严重下降。雪上加霜的是，绿锯鳐的繁殖速度缓慢，这也就意味着它们种群规模的恢复同样会是个漫长的过程。

倭河马
Choeropsis liberiensis

人们大多知道河马（*Hippopotamus amphibius*），它还有一个体形更小些的近亲，那就是倭河马。倭河马多在晚上上岸活动，白天则泡在水中休息。倭河马分布在西非的某些地区，在利比里亚的种群最大，在几内亚、塞拉利昂和科特迪瓦的种群则相对较小。

"河马"这个名字来源于希腊语，用这个词来描述倭河马很恰当，因为它们大多数时间都躲藏在河流或沼泽之中。尽管倭河马看上去与猪和貘很相似，但和它们关系最近的亲戚实际上是鲸和海豚。

在它们的栖息地里，倭河马承受着来自伐木、耕种、狩猎和人类定居等造成的生存威胁。

南非穿山甲
Smutsia temminckii

穿山甲

现存于世的穿山甲有 8 种，均分布在亚洲和非洲。穿山甲是一种害羞的夜行动物，皮肤上覆盖着巨大的保护性鳞片，这让它们在哺乳动物中别具一格。它们的鳞片由角蛋白构成。受到惊吓时，穿山甲会用前腿掩护头部，只把鳞片暴露给潜在的捕食者。如果被触碰到，它就会把身体蜷缩成一个球，然后静待危险消失。实际上，穿山甲的名字来自马来语单词"pengguling"，意思是"滚轴"。

穿山甲看上去像笨拙的小恐龙，但是有几种穿山甲生活在树上，并且是出色的攀爬者，能够凭借强壮的尾巴倒挂在树枝上。另外，它们游泳时能游很长的距离，还能挖出近 40 米长的巨大洞穴。

穿山甲的视力非常差，主要依靠嗅觉和听觉来觅食和躲避危险。它们也没有牙齿，但这并不会对它们构成困扰。它们已经演化出其他特性，帮助自己捕捉并吃到喜欢的食物，比如蚂蚁和白蚁。为了捕食，穿山甲首先需要利用有力的前腿和强劲的爪子在地面、树上或植被中进行挖掘，再用裹着黏稠唾液的长舌头探察昆虫洞穴的内部，然后舔出食物。由于没有牙齿，穿山甲并不能咀嚼。但是，它们会吞下小石块，让其在胃里磨碎食物。

可悲的是，穿山甲正面临着巨大的危险。在某些文化中，人们相信穿山甲的肉和鳞片极具价值，由此展开的捕杀令穿山甲全都濒临灭绝。

麝雉

Opisthocomus hoazin

笨拙的麝雉是一种与众不同的鸟类。这种火鸡大小的奇怪鸟类只生活在南美洲的亚马孙河和奥里诺科河（Orinoco River）流域的盆地中，并且没有任何近亲。事实上，没有人能确定究竟哪种生物与麝雉有亲缘关系，不过它们的种群庞大又健康。

麝雉非常吵闹，它们一起栖息在野外湖泊与河岸边的树枝上时，要么就发出咕噜声或粗声尖叫，要么就在树林之间横冲直撞。

麝雉的食物几乎全是植物。它们利用细菌来消化摄取的植物（就像奶牛那样），这种做法在鸟类中绝无仅有。麝雉通常被称为"臭鸟"，因为它们会不断地发酵吃下去的树叶，据说这让它们身上闻起来有腐烂植物的味道。

如果可以的话，麝雉根本不会主动飞行，并以此隐藏自己飞行能力严重欠缺的事实。为满足拍打翅膀的需要，飞行的鸟类都拥有发达的胸肌，麝雉却不具备这一特点。它们能做到的极限，就是笨拙地拍打着翅膀，从一棵树飞到另一棵树，笨手笨脚地落在附近的树枝上。

麝雉通常在河岸和湖岸边的树上筑巢。它们的雏鸟是游泳健将，一旦受到威胁，可以直接跳入水中游泳逃跑。麝雉的雏鸟翅膀上也长有爪子，它们依靠这对爪子爬上树枝，或在游泳后爬回鸟巢。这对爪子在它们成年后就会消失。

奇怪之处还不止于此，麝雉的外形同样非常有趣。一簇长而松散的羽毛在它们的头顶形成一个羽冠。它们亮蓝色的面部皮肤、红色的眼睛，与深色的背部、灰褐色的尾巴以及栗色的腹部相映成趣。

隐秘的联系

　　自然界由一系列令人眼花缭乱又相互关联的生态系统和食物网组成。这些系统中的每一种生物——从体形最大、最具胆量的，到体形最小、看似无足轻重的——都发挥着各自的作用。将任何一种生物从系统中移除，都会引发一系列难以预料的反应。

　　生态系统是一个由生命体及其生存环境中的非生物部分——如水和光——共同构成的统一整体。所有这些元素组合在一起，构成了一幅复杂的马赛克镶嵌画。

　　若想了解生态系统中不同生物之间的关系，一个方法就是通过食物链和食物网。食物链显示了生物是如何通过食物相互联系在一起的。食物链中最初级的生物被称为"生产者"，其他所有生物则属于"消费者"。例如，一棵树就是一位生产者，它可以利用从太阳获取的能量制造食物。

　　每个单一的生态系统中都可能包含许多不同的食物链。如此这般，多条食物链交织在一起，就形成了食物网。食物网能更好地展示不同生物之间的关系。当我们研究食物网时会发现，有些表面看来毫不相关的生物竟在彼此的生命中占据如此重要的地位。我们还会看到，在一个特定的生态系统中，一旦移除某种生物，就可能给这个生态系统中的一些甚至所有生物带来巨大的灾难。

　　右侧的图表展示了围绕食物网的能量流动——这个例子是非洲大草原上的情况。不同颜色的箭头表明了某种或者某些动物的食物构成。

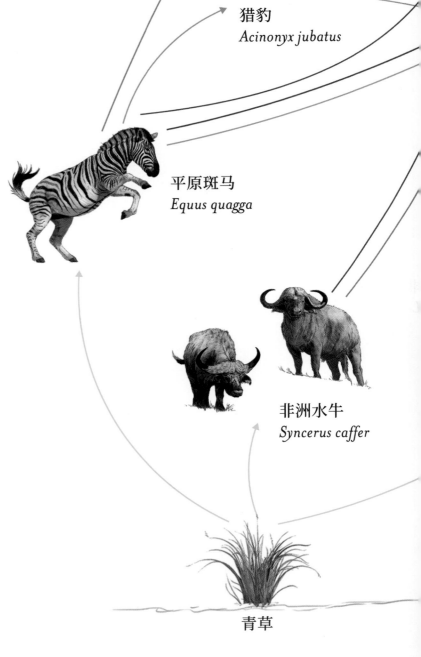

猎豹
Acinonyx jubatus

平原斑马
Equus quagga

非洲水牛
Syncerus caffer

青草

90

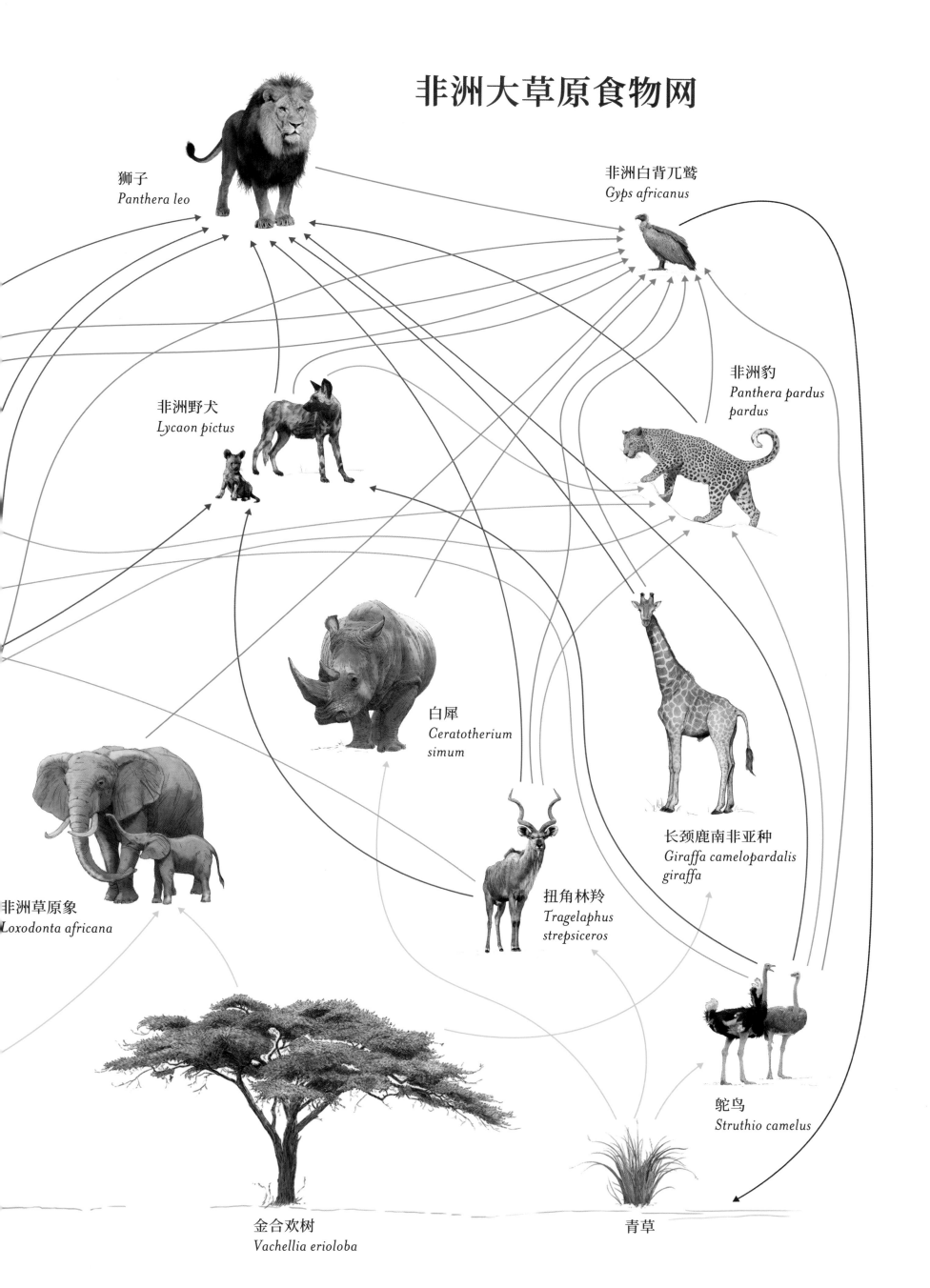

非洲大草原食物网

狮子
Panthera leo

非洲白背兀鹫
Gyps africanus

非洲豹
Panthera pardus pardus

非洲野犬
Lycaon pictus

白犀
Ceratotherium simum

长颈鹿南非亚种
Giraffa camelopardalis giraffa

非洲草原象
Loxodonta africana

扭角林羚
Tragelaphus strepsiceros

鸵鸟
Struthio camelus

金合欢树
Vachellia erioloba

青草

亲爱的读者：

我希望这本书——这封我写给地球的情书——能为你提供一个窗口，去领略地球上生物的神奇与美丽，带你窥见它们的一些秘密，并让你理解为什么我如此热爱这颗星球。

在这个瞬息万变的世界上，随着人口的不断增长以及野外空间的持续缩小，尽可能多地了解那些与我们共享地球的生物，显示出空前的重要性。

你或许会好奇，不明白这件事为何如此至关重要。答案很简单：地球上的许多物种正面临生存威胁，急需我们的帮助。但是，要提供保护，我们必须先了解并关心它们。地球上遍布着生物，一些离我们很近，一些离我们很远。它们就生活在我们的花园里和街道上，栖息在我们的公园中，遍布于森林和水路——甚至更远的地方。因此，出门去探索这颗隐秘的星球吧。选择你最喜欢的生物，然后绘制或书写献给它的情书。

本

索引

　　本 · 罗瑟里 (Ben Rothery) 是来自英国诺里奇 (Norwich) 的一位注重细节的插画家。他将多种技法结合起来，创造出繁复而精致的插图，作品充满了精美的细节和鲜艳的色彩。

　　本大部分作品的灵感都来自于他对大自然的热爱——年幼的他长大后想成为一条鲨鱼、一只恐龙或大卫·爱登堡与印第安纳·琼斯的结合体，但最终他决定通过插图将这些幻想在纸上呈现出来。本现在就职于伦敦的一个小工作室。